AF596054

DISSERTATION
SUR
L'OUVERTURE
ET
LA NAVIGATION
DE
L'ESCAUT.

DISSERTATION
SUR
L'OUVERTURE
ET
LA NAVIGATION
DE
L'ESCAUT,

PAR M. LINGUET.

A BRUXELLES,
Chez B. LE FRANCQ, Imprimeur-Libraire, Rue de la Magdelaine.

M. DCC. LXXXIV.

DISSERTATION

Sur l'Ouverture & la Navigation de l'ESCAUT, *par* MR. LINGUET.

ENFIN le signal funeste a fait retentir les rivages de ce fleuve : les Ministres de l'Empereur avoient déclaré que le premier coup de canon seroit regardé par Sa Majesté comme une déclaration de guerre : les *Hollandois* ont tiré non-seulement un coup, mais une *bordée* ; ils ont arrêté par force un vaisseau qui se présentoit pour sortir, & un autre qui aspiroit à entrer.

A la vérité ni le pillage, ni la confiscation n'ont eu lieu : le sang n'a pas coulé : suivant les *procès-verbaux* il n'y a eu de blessées, dans ces premieres hostilités qu'une *voile*, & une *marmite* (*) ; ce ne seroit pas un grand obstacle à la conciliation : mais le passage dans les deux sens reste interdit : les équipages ont reçu par la

(*) Procès-verbal du Cap. *Van Issgien*, du 8 Octobre 1784.

bouche des foudroyans interprètes l'ordre de retourner aux lieux d'où ils étoient partis.

Ainsi, quoique la rivière n'ait pas été ensanglantée, cette violence mitigée n'en doit pas moins paroître à la Puissance qu'elle brave un outrage, & aux peuples qu'elle asservit une injustice. Ainsi elle rend à-peu-près inévitable l'usage de la terrible manière dont se réparent les outrages & les injustices entre les nations. L'*Europe* à-peine pacifiée, va donc retomber dans les convulsions dont elle sortoit !

Si ce malheureux évènement arrive, ce sera la huitième guerre dont aura été souillé ce siècle de *Philosophie*, de *lumières*, d'*humanités*, ce siècle où les droits des hommes à entendre certains écrivains ont été si soigneusement discutés, si clairement établis, tandis, comme je l'ai déjà observé plus d'une fois, que jamais leur sang n'a été exposé avec plus de facilité ; tandis que jamais on ne l'a versé avec plus d'abondance, ni prodigué avec un mépris plus injurieux, même des formes qui précédoient autrefois ces terribles effusions.

Ce n'est cependant pas en ce moment, il faut l'avouer, que seroient placées ces lugubres & inutiles réflexions : au moins n'est-ce pas aux deux partis, comme dans presque toutes les autres guerres, qu'elles peuvent ici s'appliquer. Si jamais Souverain a été excusable d'employer une si triste ressource, & d'en appeller à son épée contre des prétentions injuſtes, il me ſemble que c'eſt le Libérateur de l'*Eſcaut*; c'eſt le Monarque qui réclame pour les provinces ſoumiſes à ſa domination le libre uſage des dons de la nature, la fin d'une tyrannie réprouvée par la raiſon, par l'équité, par la ſaine politique même.

Les *Pays-Bas Autrichiens* ne ſont pas les ſeules contrées de l'*Europe* qui offrent aux voyageurs attentifs des marques de décadence : ce ne ſont pas les ſeules dont la vue excite à la fois la ſurpriſe & les regrets, où le ſpectateur comparant en imagination ce qu'elles ont dû être, avec ce qu'elles ſont, ce qu'on lui raconte, avec ce qu'il voit, déplore l'affligeante viciſſitude qui les a ainſi dégradées : une partie de l'*Allemagne*, l'*Eſpagne*, l'*Italie* ſur-tout inſpirent à chaque pas cette admiration compatiſſante.

Mais dans tous ces pays on gémit ſur l'indolence des habitans autant que ſur leurs malheurs : en les plaignant de fournir une ſi triſte preuve de l'inconſtance des choſes humaines on ſent qu'ils ne font rien pour ſe régénérer; on ſent que ſi les ravages de la guerre, les ſacrifices de la politique & de l'ambition, les barbaries de l'ignorance, ont commencé leur infortune, c'eſt leur propre inſenſibilité qui la perpétue.

Eſclaves dociles & avilis ils laiſſent dépérir journellement, même les reſtes de leur grandeur paſſée ; ils végètent ſans inquiétude & ſans douleur ſur les débris des palais où ſe développoit la magnificence de leurs pères ; au milieu des ruines qui peuplent de toutes parts ces pays désolés, les habitans eux-mêmes sont le monument qui en atteste le mieux la dégradation.

Il n'en est pas ainsi des provinces arrosées par la *Lys*, par la *Dendre*, par l'*Escaut* : ce n'est plus le spectacle de leur ancienne prospérité qu'elles offrent; mais ce n'est pas non plus celui d'une léthargie qui en expliqueroit l'éclipse. On y voit par-tout, non pas une industrie languissante, mais une industrie enchaînée : les villes sont désertes ; mais elles ne sont pas détruites. *Louvain*, *Gand*, *Bruges*, *Anvers*, ne sont plus ces prodiges de population qui réalisoient presques les fables des poètes ; ces villes à cent portes, dont chaque porte produisoit une armée : mais ce ne sont pas non plus des masures.

Au *Champ de Mars* on cherche, sans le trouver, le lieu célèbre où se délassoient, où se formoient les conquérans du monde ; cette enceinte où les bourgeois de la reine des cités, créoient les chefs de leurs légions ; mais les places où un *Tisserand*, un *Brasseur*, tantôt l'effroi, tantôt la ressource de leurs propres souverains & des étrangers, haranguoient leurs camarades devenus soldats, & levoient des armées que les plus puissans Monarques alors n'auroient pu soudoyer, ces places existent encore en *Flandres*, ainsi que le souvenir de leurs exploits.

Les canaux de *navigation*, monumens plus consolans, & réellement plus glorieux, d'une grandeur utile, continuent d'y multiplier de toutes parts des reſſources pour le commerce, des facilités pour l'agriculture : ils ſont entretenus avec autant de ſoin que s'ils rempliſſoient entierement leur deſtination.

Les hôtels où ſe diſcutoient les intérêts de ces grandes aſſociations formées pour favoriſer l'un & l'autre, les vaſtes entrepôts où ſe raſſembloient les plus célèbres, les plus puiſſans négocians de l'*Europe*, où l'induſtrie active qui produit, ne ceſſoit de fournir des alimens à l'induſtrie ſpéculative qui répand les fruits de la premiere, tous ces bâtimens ſe ſoutiennent encore avec gloire. (*)

Si leur ſolitude indique les pertes que leurs maîtres ont ſouffertes, leur conſervation en conſ-

(*) Parmi les monumens qui conſtatent l'ancienne ſplendeur d'*Anvers*, on admire ſur-tout la Maiſon des *Oſterlings*, vaſte, immenſe bâtiment qui ſervoit de magaſin commun aux négocians des villes *Anſéatiques*. L'*Europe* moderne n'en a pour cet uſage aucun qui ſoit comparable à celui-là.

Quand on en rapproche les ſales cabanes de bois qui forment ſur une des rives de la *Tamiſe* les *Keys* de *Londres* ; quand on compare à cette majeſtueuſe ſimplicité la petiteſſe incommode, comme la mal-propreté dégoûtante, de l'entrepôt ſerré, où, dans la capitale même de l'*Angleterre*, le commerce eſt ſoumis aux vexations des *Douanes*, on ſent que ſi cet art eſt aujourd'hui cultivé avec plus d'activité, & peut-être d'intelligence, il l'eſt auſſi avec moins de magnificence & de grandeur.

tate le courage, & la magnanimité. On ſent par-tout que quelque grand obſtacle s'oppoſe invinciblement ſur une terre ſi bien diſpoſée, parmi une nation ſi heureuſement organiſée, au bien que la nature y veut faire aux hommes, au deſir ardent que les hommes auroient de répondre aux vues de la nature.

Et c'eſt ſur-tout quand on arrive au port d'*Anvers*, au canal de l'*Eſcaut* qui en baigne les murs, que la ſuppoſition de cet obſtacle deſtructeur devient néceſſaire : juſques-là c'eſt la fécondité dans toute ſa magnificence ; c'eſt la richeſſe dans toute ſa pompe : le travail, l'induſtrie, ſe diſputent pour tout peupler, pour tout vivifier ; franchiſſez une ſimple muraille, ce n'eſt plus que le ſilence de la mort : les rives du plus beau fleuve de l'*Europe* ſont frappés de la même aridité que les déſerts de l'*Arabie*.

En vain deux fois par jour il ſe ſoulève, il ſe hauſſe, pour ainſi dire, afin de rendre ſa préſence plus palpable, & ſa docilité plus tentante : en vain il ſollicite du pied de ces ramparts qu'il chérit, & qu'il voudroit enrichir, ces convois, ces expéditions qui feſoient autrefois ſa gloire & leur opulence : une lugubre taciturnité eſt toute la réponſe qu'on peut lui faire ; au lieu de ces flottes brillantes qui lui valoient la reconnoiſſance de l'*Europe* entière, il ne porte plus à la mer que l'opprobre de ſon impuiſſance, & l'humiliation de ſon inutilité.

Il n'y a point de voyageur qui puiſſe à cette vue cacher ſa ſurpriſe : il n'y en a point qui ne demande à quelle cauſe il doit attribuer une indifférence qui ne lui paroît pas plus tenir au génie des habitans, qu'à l'inſuffiſance de ce canal abandonné : il n'y en a point qui ne veuille ſavoir d'où vient une déſertion auſſi honteuſe, ſi elle eſt volontaire, auſſi cruelle ſi elle eſt forcée.

L'étonnement augmente quand on leur répond que c'eſt un fruit de la paix, un arrangement de famille. Par-tout ailleurs, leur dit-on, la ceſſation des hoſtilités eſt le gage du repos qui va renaître, même entre des ennemis : elle garantit pour le reſte des hommes la liberté, l'abondance : elle ne nous a produit que la ſervitude & la diſette.

Vous voyez ce ſuperbe fleuve : vous ſavez qu'il étoit autrefois un des entrepôts communs de l'univers, un des liens du monde : il étoit auſſi le centre d'un Empire déſigné par un nom modeſte, mais floriſſant par tout ce qui peut honorer l'induſtrie, & juſtifier l'admiration : des millions de mains laborieuſes verſoient ici les fruits de leur infatigable activité : cette rivière leur en rapportoit le prix ; peuples, cités, ſouverains, tout alors ici étoit riche ; tout étoit libre ; tout étoit glorieux & reſpecté.

Des diviſions ont partagé nos provinces : de dix-ſept qui fleuriſſoient par notre union, la plus petite partie a abjuré la confédération commune : elles ont appellé des droits du Prince, au droit de l'épée : la victoire a légitimé leur réclamation, & changé en un affranchissement honorable, ce qui sans le succès n'auroit été qu'un flétrissant attentat.

Nous avons partagé les malheurs dont il a fallu payer ce succès : nous n'en avons point partagé le fruit : au contraire les pertes précédentes n'ont produit pour nous que des pertes nouvelles : restés soumis à des maîtres foibles, qui n'ont pu ni réduire nos freres révoltés, ni nous en défendre, c'est à nos dépens qu'a été conclue la paix dont vous voyez les déplorables suites.

Ce majestueux canal est resté dans notre partage : nos anciens compagnons n'ayant osé, ou n'ayant pu se l'approprier, ne s'étant pas flattés d'en faire pour eux un serviteur utile, ont exigé qu'il ne fût plus pour nous qu'un voisin infructueux : ils nous l'ont laissé, mais mutilé, mais impuissant, comme ces animaux dont des propriétaires avares ne permettent le transport de leurs haras qu'après avoir tari en eux les sources de la fécondité.

Depuis ce tems nos richesses ont fui de ces murs déshonorés : elles ont passé chez nos rivaux ; après avoir forcé chez nous la nature pour la détruire, ils l'ont forcée chez eux pour la féconder : ils y ont réussi ; mais leur opulence même ne les a pas rendus moins inflexibles envers nous : ils n'en sont devenus que plus opiniâtres à éternifer la durée du fceau ignominieux dont ils nous ont flétris.

De tout ce qui peut donner à un État de la gloire, de la force, de la richeffe, il ne nous eft refté qu'une terre fertile, un air pur, des bras laborieux, quelques capitaux, débris de nos anciens tréfors, & le regret de ne pouvoir en faire qu'un ufage borné : par la clôture obftinée de cette porte, un pays fi avantageufement traité par la nature, fi honteufement facrifié par la politique, n'eft plus qu'une vafte prifon, où nos peuples gémiffent fans honneur, où leurs talens s'éteignent fans emploi.

Un enchaînement de circonftances fâcheufes nous a retenus pendant près d'un fiecle & demi dans cet anéantiffement. Jouet de la rivalité de deux Maifons puiffantes ; deftinés dans tous les traités qui ont difpofé de nous à être la proie du plus foible, & la confolation du vaincu ; toujours foumis à des maîtres éloignés & indifférens, qui n'ayant pas la force de nous protéger, n'avoient que celle de nous contraindre ; condamnés à voir fans ceffe nos privileges, & nos droits les plus naturels, facrifiés à des fpéculations étrangeres, & fouvent illufoires, nous languiffions triftement, ayant perdu même l'efpoir de la reftauration.

Enfin fur ce trône dont jufqu'ici l'ombrage ne nous avoit été que funefte, la Providence a élevé un Prince, équitable & ferme, autant qu'éclairé : portant fa vue, ainfi que fa puiffance, des bords de la Mer *Adriatique* à ceux de l'Océan *Germanique*, il a rougi de voir une de ſes plus belles poſſeſſions enveloppée d'un filet deſtructeur dont on l'obligeoit d'être lui-même le conſervateur & le garant.

Il a été ſurpris d'un côté de trouver les murailles de ſes villes confiées à des défenſeurs qui ne reconnoiſſoient pas ſes ordres ; & ſes finances chargées d'une dette énorme, contractée ſous prétexte de payer ces gardiens étrangers pour un ſervice qu'ils ne feſoient pas : de l'autre il a frémi de cette ſcène de dévaſtation qui vous ſcandaliſe vous même, vous étranger, qui n'y prenez d'autre intérêt que celui de la nature, & de la raiſon.

Il a examiné & peſé les fondemens de cette double oppreſſion : il nous a ſur le champ délivrés de la première ; & il n'y a pas même eu de réclamation : ces ſatellites inutiles & ſuſpects ont évacué en ſilence des murs qu'ils avoient laiſſé détruire, & qu'on les diſpenſoit de paroître garder plus long-tems : mais notre délivrance ſur le ſecond point ſemble devoir être plus orageuſe.

Notre auguſte Protecteur, avant que de rompre des fers injuſtes, a cependant employé tous les ménagemens qui convenoient à la juſtice. En examinant même ces traités dont nous avons été ſi long-tems la victime ; en diſcutant ces accords paſſés entre une violence impérieuſe, &

une foiblesse trop docile, il a trouvé matière à des révendications de toute espèce : il a développé, exposé ses droits.

Mais ne voulant point procéder par des expédiens sanguinaires & mortels à une régénération vivifiante, après avoir établi ces droits dans l'idiôme de la politique, il a offert de les oublier, pourvu qu'on nous permît d'user de ceux que nous donne la nature : pouvant contester des provinces à nos oppresseurs, il a consenti à les leur abandonner, pourvu que la liberté de cette seule rivière fût le prix, l'indemnité de ses renonciations. Un refus obstiné est la seule réponse qu'il ait reçue.

Enfin nous avons cru sous son égide pouvoir hasarder de franchir ce passage si long-tems inaccessible : un appareil de destruction nous attendoit à la barrière de prohibition. De paisibles marchans ont été accueillis, & foudroyés comme des forbans redoutables : une pluie de feu, de fer, & de plomb, leur a signifié les ordres de nos tyrans ; ils auroient payé leur tentative de la vie, si nos ennemis avoient été aussi adroits qu'ils se montroient furieux & barbares (1).

---

(1) Il paroît constant qu'en arrêtant le *bricq* le *Louis*, les *Hollandois* ont tiré à *mitraille*. Ils ne vouloient donc pas seulement *arrêter*; ils vouloient *massacrer* : ils savoient que l'entreprise du malheureux petit vaisseau n'étoit

A ces mots la *Hollande* se présente, & dit, je ne suis point barbare ; je n'ai fait que ce que toute autre nation auroit fait à ma place.

---

qu'une formalité ; ils étoient prévenus de son départ ; ils connoissoient sa mission : ils ne pouvoient donc le regarder que comme un *héraut*, comme on regarde sur terre (depuis que les *hérauts* sont devenus surannés, ainsi que leurs cottes d'armes) un *trompette*, un *tambour*, qui va faire des propositions, ou des sommations : on a droit de lui fermer le passage, de lui défendre d'avancer ; mais le tuer, ou même tirer sur lui, quand il ne se défend pas, c'est un attentat.

Le *Louis* ici n'obéissoit pas : mais montroit-il le dessein d'employer la force ? Il n'avoit pas de canons ; quand il en auroit eu, on savoit bien qu'il n'en feroit pas usage : les *Hollandois*, dans leur propre rapport, attestent qu'il ne se défendoit qu'en montrant un papier, & ce papier c'étoient les ordres de son Souverain : il étoit clair qu'il ne vouloit que constater un refus, ou une permission : un boulet dans ses voiles, un mouvement de la frégate embusquée, l'abord d'une simple chaloupe, l'auroient rendu immobile aussi promptement qu'une décharge meurtrière dirigée sur l'équipage.

Son approche seule étoit une hostilité, une violation des accords, &c. ! Soit : mais il n'étoit pas armé : il ne présentoit pas un appareil menaçant. Dans le feu même d'une guerre ouverte il n'est permis, de l'aveu des nations les plus féroces, d'employer les armes qui tuent, que parce que si l'on ne prévenoit pas, si l'on n'écrasoit pas les ennemis qui en ont de pareilles, on risqueroit d'en

C'est des mains de la victoire, il est vrai, que j'ai reçu ma liberté : mais c'est à mon adresse que je dois mes trésors. Je cultive tous les arts, & sur-tout celui de m'enrichir : il me convenoit que l'*Escaut* n'existât plus ; n'ayant pu le dessécher, j'ai pris le parti de le fermer. N'est-ce pas la politique de tous les peuples dont la fortune seconde les armes ?

Cette politique consacrée par un traité solemnel à *Munster*, a depuis encore été légitimée par la reconnoissance : j'ai servi de mon sang & des mes trésors cette Maison dont j'ai anéanti un des domaines : ne voyez pas le tort que j'ai fait aux peuples : appréciez le bien que les maîtres ont reçu de moi : mettez dans la balance avec

---

être soi-même accablé : mais du moment où ils renoncent à s'en servir ; dès que leur impuissance est notifiée, ou leur inaction promise, tous les coups qu'on leur porte sont autant d'*assassinats*.

Les *Hollandois*, dans les préliminaires de la dernière guerre, se sont avec raison recriés contre quelques violences de cette espèce trop multipliées envers eux par des Capitaines *Anglois*. Il est triste qu'ils semblent vouloir ouvrir la campagne en imitant des excès dont une expérience si récente leur a montré la honte, & l'inutilité.

D'après ces réflexions on voit que le bourgeois d'*Anvers* qui parle ici n'a pas eu tort de n'attribuer qu'à la mal-adresse de leurs canoniers l'innocence de leur premier feu, & de voir dans leur intention une barbarie que les effets heureusement n'ont pas réalisée.

le ſpectacle d'inertie, de ſtérilité factice, qui vous révolte, le reſpect dû à des conventions autentiquement ſtipulées, librement, volontairement acceptées, & la gratitude qu'exigent des ſecours auſſi multipliés qu'utiles : vous verrez alors ſi la clôture de ce fleuve ſur lequel vous pleurez, n'eſt pas plus que compoſée par la ſtabilité que me doit le trône dont il dépend.

Voilà les deux reſſources des *Provinces - Unies* pour éluder les inſtances de l'Empereur, & inſiſter ſur la *juſtice* de l'arrêt prononcé contre l'*Eſcaut;* le traité qui le conſtate, les ſervices qui l'ont ſuivi : diſcutons en peu de mots, mais avec quelque détail, ces deux motifs donnés pour ſoutien à une condamnation de mort. Dans un ouvrage conſacré à éclaircir, à ſoutenir les véritables droits du genre humain, dans un ouvrage dévoué à la ſeule vérité, & dont l'auteur a chèrement payé le ſcrupule de réſerver pour elle excluſivement ſes hommages, qu'il ſoit permis de lui en rendre encore un, à l'occaſion de cette importante querelle.

§ II.

Si la reconnoiſſance des ſervices rendus à la MAISON D'AUTRICHE *par la* HOLLANDE *peut être un motif d'endurer la clôture de l'*ESCAUT.

DANS le code de la politique le chapitre de la reconnoiſſance ſe trouve rarement, ou du moins il eſt bien court : dans ceux de l'honnêteté, de la véritable philoſophie, il ne doit être ni obmis, ni mutilé, même en traitant des intérêts des Souverains. Commençons par apprécier les droits qui peuvent en réſulter en faveur des *Hollandois*.

Cette *clôture* préjudiciable en apparence pour les ſujets, diſent-ils, n'eſt-elle pas devenue infiniment utile à leurs maîtres, par l'alliance protectrice de la République qui paroiſſoit en profiter ſeule? Les tréſors qu'elle a prodigués pour les ſoutenir contre la *France*, toujours diſpoſée à les dépouiller, ne valent-ils pas bien ceux que l'*Eſcaut* libre auroit pu procurer à leurs vaſſaux ?

Si nous avons voué à une éternelle ſtérilité ces domaines que nous partagions avec la branche *Eſpagnole* de la *Maiſon d'Autriche*, nous en avons conſervé la poſſeſſion à la branche *Allemande*.

Sans nous le rival de *Philippe V* auroit-il arraché cette portion d'une monarchie qui lui échappoit entiere ? L'auroit-il transmise à ses successeurs ? N'est-ce pas au prix de notre sang & de notre argent que la *pragmatique de Charles VI* a reçu sa validité ? Comment l'héritier de celle qui sans eux n'auroit été ni *Impératrice*, ni *Reine*, peut-il avoir la pensée de violer des engagemens sacrés dans leur origine, scellés depuis par tant de services, sur les mêmes terreins où ils sont devenus si avantageux à sa mère ?

Le seul dédommagement que nous en ayons ambitionné, c'étoit d'une part le privilège plus onéreux qu'utile de garder nous-mêmes contre des ennemis toujours redoutables des murs dont nous les avons éloignés, ou dont nous craignions qu'ils ne voulussent s'emparer encore ; & de l'autre la certitude de n'avoir plus pour rivaux dans la lucrative carrière du commerce, des hommes autrefois nos alliés, nos frères, il est vrai, mais qui n'ayant pas su comme nous profiter des avantages de la force, ont été sans injustice privés de ceux de la nature & de l'industrie.

De ces légères compensations, nous en avons abandonné une sans murmure : devions-nous craindre que cette facilité pût devenir un encouragement à exiger le sacrifice de l'autre ? Devions-nous penser que perdant le souvenir de tant d'efforts, d'un dévouement si généreux, une puissance délicate ne voudroit en employer les fruits qu'à nous en enlever le prix ?

Voilà

Voilà à quoi fe réduifent fur cet article les défaites des *Hollandois* pour éluder les réfolutions de leur redoutable adverfaire : font-elles bien impofantes ? Peuvent-ils fe flatter qu'elles laiffent dans l'efprit des obfervateurs impartiaux cette vive & longue impreffion, qui, dans les querelles politiques, prefcrit quelquefois contre les arrêts de la fortune ?

D'abord ne pourroit-on pas répondre que ces fervices rendus dans un fiècle avoient été déjà compenfés d'avance dans le précédent par d'autres obligations non moins effentielles, & peut-être bien plus efficaces ? Il n'eft pas sûr que *Marie-Thérèfe*, fans le fecours des *Provinces-Unies*, avec fon propre courage, avec l'attachement de fes peuples, avec le dévouement intéreffé, & pourtant prodigue, des *Anglois*, avec la politique verfatile d'un de fes ennemis, avec les fautes de l'autre, n'eût pas également triomphé du foible *Charles VII*, & de fes protecteurs.

Mais il eft sûr que fans la double intervention de la Maifon d'*Autriche* en 1673, lors de la fameufe invafion de *Louis XIV*, la République difparoiffoit de la face de la terre, ou n'y fubfiftoit que dans un état de dégradation pire que l'anéantiffement. Par-là, en admettant, comme je l'ai dit, que la reconnoiffance eft une vertu à l'ufage des couronnes, & que dans ce tourbillon d'évènemens qui changent à chaque inftant les intérêts comme les pofitions, la gratitude peu trouver ſa place, les anciens maîtres des *Provinces-Unies* devenus ſucceſſivement leurs protecteurs, & leurs protégés, ſeroient ſans doute plus qu'acquittés.

Et quand on en viendroit à examiner la nature comme les motifs de ces prétendues obligations, ne trouveroit-on pas la dette encore plus légere ? on verroit que les uns & les autres ayant réellement tout fait pour eux-mêmes, n'ont réellement ni rien donné, ni rien reçu : dans toutes ces confédérations politiques où pluſieurs s'uniſſent pour le ſalut d'un ſeul, celui-ci eſt-il plus redevable à ſes ſauveurs, qu'un ſoldat dans une bataille au camarade qui le ſeconde ? Tous deux concourent mutuellement à ſe débarraſſer de leurs ennemis ; mais tous deux ont pour premier, pour unique objet, d'empêcher ceux-ci de prévaloir : le ſecours qu'ils ſe donnent reſpectivement n'eſt que le deſir de n'être pas accablés eux-mêmes.

D'ailleurs quels que fuſſent ces ſervices, c'eſt aux Souverains ſeuls qu'ils auroient été rendus ; mais pourroient-ils devenir un titre qui confirmât une main étrangère dans le droit de les aſſujettir à opprimer leurs ſujets ? On n'avoit pas réclamé contre la clauſe qui donnoit aux *Hollandois* la jouiſſance des *barrières*, & la ſolde immenſe qui y étoit attachée : cette convention étoit bien indifférente aux peuples des *Pays-Bas Autrichiens* : leurs murs auroient dû être gardés par des *Suiſſes*, des *Tiroliens*, des *Hongrois*, ou d'autres mercenaires ſoudoyés à leurs dépens : ils l'alloient être par des *HOLLANDOIS* à la même condition. Que leur importoit ?

Les garnisons changeant perpétuellement de poste, ne connoissant absolument que le Prince qui les emploie, n'étant plus que des machines aveugles montées uniquement pour l'obéissance & la destruction, on les promène de pays en pays, de place en place, comme l'artillerie qui en écrase les remparts : le changement dans le nom, dans l'uniforme, dans le drapeau blasonné de ces Corps toujours étrangers, n'intéresse donc absolument en rien les habitans sur le terrein desquels ils végètent.

Le grand objet pour ceux-ci c'est que leurs propriétés soient respectées, & protégées ; c'est que leur commerce soit favorisé ; c'est que leurs personnes soient libres : voilà les jouissances qu'il est du devoir d'un Souverain d'assurer à ses sujets.

Le Traité des *Barrières* n'y dérogeoit point : il étoit donc légitime : le Prince pouvoit y souscrire, puisque c'étoit un moyen de s'acquitter des secours qu'il avoit reçus : & si les *Hollandois* en avoient de leur côté rempli les conditions, il n'auroit probablement pas reçu d'atteinte, ou du moins la résiliation auroit donné pour eux ouverture à une demande en indemnité.

Mais en est-il de même de la sentence de mort prononcée contre l'*Escaut* ? A-t-elle pu dans aucun tems être envifagée comme le prix des prétendues obligations des Souverains de cette riviere? Ont-ils pu, pour fe montrer reconnoiffans envers d'anciens rebelles, devenus des rivaux defpotiques & avides, s'engager à être éternellement cruels & oppreffeurs envers des fujets fideles, les livrer à une oppreffion dont on les forçoit de fe rendre eux-mêmes les inftrumens?

Quoi! Pour ne pas paroître ingrats envers les *Provinces-Unies*, il faut que le *Comte de FLANDRES*, le *Duc de BRABANT* foit jufqu'à la fin du monde le geolier de fes peuples, le dévaftateur de fes États! Exécuteur complaifant d'une détention politique, ruineufe pour lui-même; porteur fervile d'une *lettre-de-cachet* expédiée par la *Hollande*, au nom de la force, au mépris des droits de la nature comme de la fociété, il faut qu'il tienne fes propres domaines dans l'efclavage, & qu'il mette le plus beau fleuve de l'*Europe* à la *Baftille*?

Quelle étrange compenfation de ces fecours fuppofés! Le prétendu bien fait aux maîtres feroit donc la profcription des fujets! Eh quoi! S'il avoit plu à ces Républicains enorgueillis par le fuccès, au lieu de la ftagnation de l'*Efcaut*, & de la ruine de fes riverains, d'exiger la ftérilité des campagnes de ceux-ci, comme celle de leur rivière; s'il leur étoit venu dans l'idée d'ordonner aux *Brabançons* comme aux *Moluquois* de laiffer leurs terres en friche, ainfi que le vafte canal dont ils habitent les bords, & que le foible *Philippe IV* ſe fût ſoumis à cette vexation de plus, la marche d'une charrue dans l'enceinte frappée de cet anathême feroit donc un attentat aux yeux des *Hollandois !* ils réclameroient contre l'ouverture d'un ſillon, avec autant d'éclat & de juſtice que contre l'expédition d'un bateau!

Ils diroient également à l'actif ſucceſſeur de l'indolent *Philippe*, " Vous ne pouvez, ſans vio-
" ler les loix de la reconnoiſſance, fertiliſer ces
" plaines que nous avons condamnées : nous
" vous les avons laiſſées, & enſuite conſervées,
" mais pour qu'elles vous fuſſent inutiles : nous
" n'avons concouru à vous en aſſurer la pro-
" priété, qu'à condition que vous en éterni-
" ſeriez l'indigence & la déſolation : nous vous
" défendons d'être juſte & bienfaiſant envers
" vos peuples, à peine d'être injuſte & ingrat
" envers nous; & de peur qu'ils ne profitent
" des préſens de la nature que nous leur en-
" vions, comme de votre réſipiſcence en leur
" faveur, nous allons les égorger ſi nous ſommes
" les plus forts, pour ſoutenir un traité ſigné
" dans un tems où nous l'étions. „

Ce langage feroit - il bien conforme aux règles de l'équité, ou même à celles de la raiſon ? N'eſt - ce pas cependant littéralement celui que tiennent aujourd'hui les *Hollandois*, en fermant à coups de canon l'entrée comme la ſortie de l'*Eſcaut* ? Ils l'ont, il eſt vrai, tenu avec ſuccès, à *Tydor*, à *Ternate*, à *Ceylan* : mais ces climats favorables à la propagation des aromates ne le ſont pas à celle de la raiſon, & des maximes de la vraie politique, c'est-à-dire de celle qui a la justice pour base, & les droits de la nature pour objet. Pour faire prévaloir la leur les *Hollandois* avoient à cette extrémité de l'*Asie* des argumens qui leur manquent ici ; des forces prépondérantes, & des flottes capables de tout écraser.

§ III.

Si le Traité de MUNSTER *entre les* PROVINCES-UNIES *&* *l'*ESPAGNE *oppose*, DANS LE DROIT, *un obstacle invincible à la libération de l'*ESCAUT. *Première observation à ce sujet.*

LA branche *Allemande* de la Maison d'*Autriche* ne possède les *Pays-Bas* qu'aux mêmes conditions qu'avoit acceptées la branche *Espagnole* : or celle-ci, par le Traité de *Munster* (1), s'est

(1) Il s'agit ici du Traité particulier signé à *Munster* entre ces deux Puissances le 30 Janvier 1648, & non du grand Traité général, connu sous le nom de Traité de *Westphalie*, signé seulement le 24 Octobre de la même année, entre la *France*, l'*Empereur* & l'*Empire* : ces deux actes n'ont de commun que l'humiliation des deux branches de la *Maison d'Autriche*, réduite alors à expier de toutes parts l'effroi qu'elle avoit inspiré à l'*Europe* du tems de *Charles V* & de *Philippe II*.

soumise à laisser *clorre l'ESCAUT* du côté des domaines dont on lui laissoit la possession. Ce texte est précis, & ne souffre point d'interprétation.

Aussi tous les accords postérieurs, loin d'y déroger, l'ont-ils consacré par un respectueux silence. Il faut bien qu'il ait paru juste, puisque l'*Espagne* dans des tems moins défavorables pour elle n'a pas eu même l'idée de l'enfreindre. Et en effet par cela seul qu'une stipulation est dure & onéreuse à l'une des parties, le contrat qui la constate doit-il être résilié? Pour l'apprécier ce n'est pas sa rigueur apparente qu'il faut examiner : ce sont les circonstances, les motifs qui l'ont fait proposer & accepter.

Celle-ci semble révoltante ; mais c'est parce que les conjonctures sont changées : dans le tems elle n'avoit rien que de modéré, rien que d'honnête, parce que nous pouvions au nom de la victoire en dicter de plus facheuses : nous pouvions refuser de signer la paix à *Munster* sans la cession absolue des terreins même que l'*Escaut* arrose, de la ville qu'il enrichissoit alors. Qui peut assurer qu'on nous l'eût refusée? Nous nous sommes contentés d'obstruer la source de son opulence : étoit-ce abuser de nos avantages?

Si elle nous avoit appartenu, on ne nous auroit pas contesté le droit de la détruire : nous nous sommes bornés à l'appauvrir : ce qui paroit aujourd'hui une excessive oppression, n'étoit donc réellement qu'une très-grande modération ; c'étoit un véritable ſacrifice de nos droits. Peut-on nous punir de n'avoir pas été auſſi impitoyables que nous aurions pu l'être ; d'avoir, en fixant nous-mêmes des limites à nos prétentions, compté ſur la foi publique ; d'avoir laiſſé ſubſiſter une rivale dont la décadence même eſt encore un bienfait, puiſque ſa ſubverſion abſolue auroit pu être un acte légitime ?

Un Prince qui montre le goût de la juſtice, autant que celui de la réforme, voudroit-il compromettre la gloire de ſes premières armes, en les employant à ſoutenir l'infraction d'un accord ſi ſolemnel, & ſi motivé ? Voudroit-il donner aux Souverains l'exemple funeſte de rompre les *traités*, quand la convenance d'une des parties conſeille la rupture; & de ſe dérober aux engagemens les plus autentiques, parce qu'il eſt plus puiſſant que ceux de ſes prédéceſſeurs qui s'y ſont ſoumis ?

Cette réponſe eſt plus ſpécieuſe que la précédente; &, comme on le voit, je n'ai pas cherché à l'affoiblir ; voilà bien le réſultat de tout ce que les manifeſtes de la République ont déjà préſenté, ou de ce qu'ils pourront offrir par la ſuite : mais de combien de répliques eſt-elle ſuſceptible, ſans compter celle du canon ?

D'abord dans quelle bouche ſe trouve-elle ? Quelle eſt la Puiſſance qui réclame ainſi la foi des conventions, & le ſcrupule qui devroit toujours flétrir l'infidélité ? Eſt-ce une de ces vieilles dominations dont l'origine perdue dans l'antiquité, ne permet d'appercevoir à leur naissance la violation d'aucun droit ; dont on peut croire que le berceau n'a été ombragé que par la justice, parce qu'on ne voit pas distinctement s'il ne l'a été que par la violence? Celles-là dans l'âge mûr peuvent quelquefois au besoin en appeller, sans rougir, à l'équité qui semble avoir dirigé leur enfance.

Mais ici c'est un État dont les prétentions à l'indépendance remontent à peine à deux siècles, & la véritable existence à-peine à la moitié. Pour se la procurer cette existence, les *Hollandois* n'avoient-ils enfreint aucun traité? N'avoient-ils brisé aucun lien pour parvenir à la vigueur qui les mettoit en état d'enchaîner l'*Escaut*?

La même convention scella tout à la fois son esclavage, & leur liberté. Qu'étoit-elle autre chose que la rupture opérée à main armée de toutes les conventions précédentes? Mais celles-ci assuroient aux Souverains des dix-sept Provinces la soumission de ces vastes domaines: tant que l'*Escaut* n'étoit pas asservi elles garantissoient à *Anvers* son opulence, à la *Hollande* son obscurité. Les manœuvres qui ont fait décheoir l'une, & prospérer l'autre ; les expédiens qui ont consommé cette étrange variation sont encore sous nos yeux : les détails en sont consignés dans toutes nos histoires. Que seroit une variation en sens contraire, sinon le retour de l'ancien ordre, le rétabliſſement de la véritable juſtice ?

Peut-on réclamer des droits tyranniques, ſi tyranniquement obtenus, ſans rappeller auſſi des droits antérieurs, certainement plus légitimes, & briſés uniquement par la force ? Quand le puiſſant adverſaire des *Hollandois* leur diroit nettement, j'affranchis l'*Eſcaut* en vertu du droit par lequel vous vous êtes affranchis vous-mêmes, qu'auroient-ils à répliquer ?

Ils voudroient qu'on ne prît ici pour règle qu'une ſtipulation récente : mais à quel titre avoient-ils déployé à la fin du 16e ſiecle, & dans la première moitié du 17e, la force qui en rendit l'acceptation néceſſaire ? Ce titre n'étoient-ce pas les cruautés de *Philippe II*, leur Roi légitime, leur Souverain reconnu, leur Maître avoué, confirmé par toutes les loix divines & humaines ? Tout ce qu'ils diſoient alors pour ſe juſtifier d'avoir abjuré les ſermens qui les lioient à ſon obéiſſance, le Libérateur de l'*Eſcaut* peut le leur oppoſer avec encore bien plus de fondement.

Ils citoient des violences ! La clôture de cette rivière eſt-elle une opération bien douce ? Les *Eſpagnols* mépriſoient leurs privilèges ! Ont-ils reſpecté ceux des *Brabançons ?* Le deſpotiſme *Caſtillan* avoit un prétexte ſpécieux, le maintien de la religion établie ; & un motif réel, la crainte trop bien fondée d'un ſoulèvement. Il étoit par-là ſuſceptible d'excuſe, ou d'adouciſſement ; & cependant il parut aux *Provinces - Unies* ſuffiſant pour autoriſer leur défection.

Combien donc doit paroître légitime aux yeux de l'Héritier des droits de ce Souverain dépouillé, la réclamation contre un monument de révolte, contre un acte qui éterniſe non - ſeulement la mémoire d'une rebellion fortunée, mais le châtiment des provinces ſcrupuleuſes qui ne l'ont point partagée ?

L'Empereur peut-il oublier que ſi les habitans d'*Anvers* n'étoient pas ſes ſujets, ils auroient été ſes ennemis ? Lui eſt-il permis de continuer de concourir à leur dégradation, fondée uniquement ſur ce qu'ils n'ont pas concouru à celle de ſes prédéceſſeurs, & de tolérer plus long-tems la ruine d'un pays qui n'auroit pas ceſſé d'être floriſſant, s'il avoit pu ceſſer d'être fidele ?

Sans doute la foi eſt due aux traités : ſans doute les conventions qui fixent la deſtinée des États doivent avoir leur effet, comme celles qui règlent le ſort des particuliers : mais ce principe général, à l'égard des unes comme des autres, n'eſt-il pas quelquefois ſuſceptible d'interprétation, de modification ; & n'eſt-ce pas ici le cas de mitiger la rigueur du texte par un commentaire, ainſi que le texte lui - même par les variations de la fortune, & le changement des circonſtances ?

Dans les Tribunaux ordinaires on préſente un contrat ſolemnel, muni de toutes les formalités qui paroiſſent le rendre autentique : on en demande l'exécution : mais les Juges découvrent qu'il a été le fruit d'une uſure criminelle : il a été ſigné par un fils de famille qui, dans une détreſſe produite par des manœuvres artificieuſes, a cru ne pouvoir éviter ſa ruine qu'en contractant ſes engagemens ruineux. Croit-on violer les règles de la juſtice en le réſiliant ?

N'eſt-ce pas là préciſément la nature de l'accord dicté à *Munſter* par les *marchans* couronnés qui, en arrachant au diſſipateur *Philippe IV* le ſacrifice d'une partie de ſes domaines, lui feſoient ſigner la ruine de l'autre ? S'il y a jamais eu un traité contre lequel la minorité des Souverains, quand il s'agit du démembrement de leurs couronnes, pût être alléguée, ou l'inaliénabilité des droits attachés à leur grandeur pût être légitimément rappellée, n'eſt-ce pas celui-ci ?

Quiconque traite avec ces auguſtes & terribles mineurs, ne doit-il pas ſavoir qu'ils ne ſont que les titulaires d'une grande ſubſtitution, contre les droits & les limites de laquelle ils ne peuvent preſcrire ; qu'il n'y a de traités ſolides que ceux qui ſont fondés ſur la juſtice, & même, autant qu'il eſt poſſible, ſur l'intérêt mutuel des contractans ; que tout ce qui émane du redoutable droitde la force ne peut ceſſer d'en dépendre ; que pour réclamer utilement, *équitablement* même, l'obſervation des clauſes qu'elle a dictées, il faut avoir toujours la fupériorité qui n'a pas permis de les éluder ; qu'enfin quand un engagement n'a d'autre caution de fa juftice que le canon, cette juftice paffe avec la foudroyante machine dans le parti qui fait le mieux en faire ufage.

Si les *Hollandois* fe flattent d'avoir ce bonheur ou cette adreffe au 18e fiècle, comme au 17e, ils peuvent en rifquer l'effai : mais qu'ils ceffent alors d'invoquer les loix d'une juftice pofitive, qui n'a rien de commun avec l'état de la queftion actuelle; qu'ils ceffent de vouloir rejetter fur leurs adverfaires la honte de les avoir violées. Ils ne les ont point confultées à *Munfter* : le Traité qu'ils réclament comme le fondement de leurs droits, n'eft donc pas au nombre de ceux qu'un Souverain ne peut rompre fans s'expofer à payer fes fuccès par fes remords, fans avouer qu'il préfère l'extenfion de fon pouvoir à la tranquillité de fa confcience.

§ IV.

La clauſe du Traité de MUNSTER *qui ſtipule la clôture de l'*ESCAUT, *eſt-elle conforme au* DROIT NATUREL?

Le principe que je viens de développer eſt évident; cependant il eſt auſſi ſuſceptible d'exception: un traité dicté par la force, un engagement exigé par la contrainte, pourroit être reſpectable, & dévouer à la haine publique le foible qui l'ayant ſigné par détreſſe, oſeroit le rompre quand il ſeroit devenu le plus fort.

Ainſi quand un Roi de *Syracuſe*, vainqueur des *Carthaginois*, ſtipula pour condition de la paix, qu'ils renonceroient à ſacrifier des enfans à leurs dieux, en ſe montrant ſupérieur à ces dieux ſanguinaires autant qu'à leurs lâches adorateurs, il acquit des droits ſacrés à l'obéiſſance des uns & des autres : ſi *Carthage* avoit oſé ſe ſouſtraire par la ſuite à ce joug bienfaiſant, ſous prétexte que la violence ſeule l'avoit impoſé, le reſpectable *Gelon* n'auroit pas perdu ſes droits, quand même il ſe ſeroit trouvé dépourvu des forces néceſſaires pour le faire valoir; & le triomphe des pontifes aſſaſſins n'auroit été qu'un crime de plus.

Pourquoi ? Parce que la clause convenue dérivoit du droit de la nature ; parce qu'en leur ordonnant d'être humains, elle ne leur prescrivoit qu'un devoir indépendant de toutes les combinaisons politiques : mais ici quelle différence !

D'abord nous venons de voir que les *Hollandois*, au lieu de déployer à *Munster* le despotisme compatissant de ce héros trop peu célébré, avoient même excédé le despotisme cruel interdit par lui aux *Carthaginois* : non-seulement ils avoient sacrifié à la jalousie des provinces entières, mais ils avoient exigé d'un grand Roi qu'il se fît le ministre de ce sacrifice : ils l'avoient forcé de promettre que ses enfans seroient immolés de sa main au Dieu qui du fond de ses marais exigeoit impitoyablement & les victimes, & la manière de les offrir ; premiere infraction au droit de la nature (1).

Mais ils pourroient la pallier en disant qu'elle étoit moins funeste, opérée par la main pater-

(1) L'esprit du Traité de *Munster* étoit visiblement que les Rois d'*Espagne* se chargeassent d'interdire à leurs sujets la navigation où les *Hollandois* trembloient de les avoir pour rivaux : & cet esprit s'est développé dans tout son appareil lors de la suppression de la Compagnie d'*Ostende ;* à ce moment où ils concoururent à forcer le Souverain des *Pays-Bas* de révoquer une concession qu'il venoit d'accorder, de renverser lui-même un édifice qu'il venoit de construire, de ruiner physiquement une foule de sujets qui avoient sur sa parole hasardé leur fortune dans une association dont il étoit le garant.

nelle, qu'elle n'auroit pu l'être par des mains ennemies; qu'il valoit mieux pour les *Brabançons* recevoir de leurs propres Souverains la défense de fortir d'une enceinte déterminée, que de se livrer à une perte assurée, en en franchissant les limites : & que leur résolution étant formelle, inébranlable, de voir l'*Escaut* sans navigateurs, ou d'en faire le théâtre d'une scène non interrompue de pillages & de massacres, l'interdiction qu'ils prononçoient par la bouche de ses Souverains étoit encore un égard pour les droits de la nature, dont on auroit dû leur savoir gré.

Soit : mais cette interdiction elle-même quel en est aujourd'hui l'objet ? Quelles sont les prétentions dont une flotte menaçante, postée à l'embouchure de l'*Escaut*, est l'interprète, & le soutien ? Est-ce une possession utile qu'ils veuillent s'approprier, & faire valoir ? Est-ce une jouissance précieuse à laquelle il leur coûte de renoncer ? Est-ce un terrein favorable, fertilisé par leurs travaux, dont ils ne puissent se résoudre à sacrifier les productions ? Leur résistance alors seroit *naturelle*.

Sans doute si jamais la Maison d'*Autriche* prétendoit remettre les *Suisses* sous le joug que leurs ancêtres ont secoué, on leur pardonneroit de recourir, pour conserver leur affranchissement, aux armes qui l'ont procuré. Ils diroient, sans qu'on pût raisonnablement les contredire, que ce sont des droits *naturels* qu'ils défendent.

Le

Le tribut impofé par les *Dantzikois* aux flots de la *Viſtule* eſt injuſte, mais il leur eſt profitable: il ne détruifoit rien fur cette rivière; il vivifioit leur cité : on n'a pas été furpris de l'acharnement avec lequel ils en ont revendiqué la continuation. Si ce n'eſt pas là un droit *naturel*, c'eſt du moins un droit civil auquel on peut être excuſable d'adapter le premier de ces noms.

Dans la nature un être qui tue pour fe nourrir, paroît en fuivre les loix : fa cruauté eſt couverte par fes befoins, & par la néceſſité de fa confervation: mais celui qui égorge fans befoin, & déchire fans néceſſité; celui qui donne la mort uniquement pour fe procurer le ſpectacle d'un cadavre, & jouir de l'image de la deſtruction, eſt regardé comme un monſtre dangereux qu'il faut fe hâter de détruire lui-même.

Auſſi quoique le lion & le tigre vivent également de proie & de carnage, l'un qui ne tue que pour vivre eſt-il reſté l'emblême de la magnanimité, tandis que l'autre qui attaque moins pour foutenir fa propre vie, que pour fe procurer le plaiſir de l'ôter, eſt devenu celui de la baſſeſſe & de la barbarie.

Ainſi dans le droit naturel pur, le meurtre n'eſt excuſable que quaud il devient pour l'être carnacier un moyen d'exiſtence. Dans le droit naturel modifié par les inſtitutions politiques, l'uſurpation, & fes funeſtes acceſſoires, ne peuvent être légitimées, ou plutôt excuſées, que quand le terrein envahi se trouve au moins utile à l'usurpateur, quand l'exploitation sous sa main est aussi avantageuse au moins qu'elle pouvoit l'être sous celle du propriétaire dépouillé: si l'injustice du *droit de convenance*, soutenu par l'audace, & ratifié par la fortune, peut jamais être adoucie, ce ne peut être que par cette exactitude à se rapprocher des vues de la nature, en s'éloignant de celles de l'équité.

Est-cela ce que font, ce qu'ont fait, ce que veulent faire les *Hollandois*? Il s'en faut bien: ce n'est pas le droit d'exploiter lucrativement un de leurs domaines qu'ils réclament: c'est celui de vouer à une honteuse stérilité un domaine qui ne leur appartient pas: c'est celui de perpétuer chez leurs voisins une mort qu'ils y ont portée.

Qu'on y prenne garde: eux-mêmes ne tirent aucun parti de l'*Escaut*: possesseurs des deux embouchures de ce fleuve, & de son cours au-dessus pendant plusieurs lieues, ils en négligent impitoyablement tous les avantages: ils n'ont pas un seul port dans toute cette étendue, qui n'est elle-même qu'un des plus superbes ports dont la nature ait voulu gratifier le commerce & la navigation (1).

Pareils à ces despotes de l'*Asie* qui dévastent d'immenses contrées sur leurs propres posses-

(1) *Flessingue*, *Middelbourg*, appartiennent à la mer, & non pas à l'*Escaut*.

sions, pour ôter à leurs ennemis l'idée & l'espérance de s'approcher d'eux, ils ont mieux aimé, de peur de réveiller, d'alimenter l'industrie de leurs voisins, priver la leur propre d'une de ses plus précieuses ressources; ils ont préféré de condamner à une flétrissante inutilité un fleuve qui vaut à lui seul tous les entrepôts de la *Hollande* entière, que d'en partager le moindre avantage avec leurs anciens frères, à qui ils feignoient d'en laisser la propriété.

Il faut le dire nettement: c'est-là un esprit de destruction, & non pas un esprit de possession: des sacrifices de ce genre sont un attentat contre la nature elle-même; & malheureusement il n'est que trop dans la politique, dans le génie de ces républicains de les multiplier.

C'est par ce même esprit qu'ils ont ravagé presque toutes les îles à *épiceries*, pour s'en assurer le domaine exclusif: tous les arbres dont ils n'étoient pas sûrs de recueillir seuls les productions, ils les ont détruits; toutes les mains qui pouvoient être tentées d'en hasarder le commerce sans leur aveu, ils les ont coupées: dans ler leurs le fer & le feu sont devenus les liens, les gardiens de ce commerce.

Et ce despotisme incendiaire ils l'exercent jusqu'en *Europe*: à leur arrivée les bâtimens chargés de *gerofle*, de *canelle*, &c. sont accueillis par une avarice inquiète & impitoyable, qui en pèse les cargaisons: préférant une disette qui en rend la vente plus lucrative, & moins embarrassante, elle livre aux flammes tout ce qui excède la quantité fixée dans ſes calculs : également ennemie des hommes dans les deux contrées, les ſacrifiant également à ſa cupidité dans celle où naiſſent ces denrées funeſtes, & dans celle où on les débite, pour ſe délivrer d'une abondance importune, elle prodigue avec une égale facilité, & le ſang ſur les racines, & le feu contre les moiſſons : voilà l'eſprit qui a tiſſu les fers de l'*Eſcaut.*

D'après ces conſidérations ſeules, que lui manquoit-il pour avoir le droit de les briſer ? Une protection puiſſante, des circonſtances heureuſes : ces deux avantages ſe ſont réunis de nos jours : rien donc n'a dû empêcher ſon Maître de lui dire, " *Sois libre* " ; & le véritable agreſſeur ſera celui qui s'oppoſera à cet affranchiſſement équitable.

Si vos principes ſont juſtes, dira encore un *Hollandois*, les conſéquences que vous en tirez ne le ſont pas : il eſt vrai que dans le droit de la nature toute deſtruction qui ne ſert pas à une vivification eſt une lâcheté cruelle ; mais nous ſommes loin de mériter ce reproche : vous nous devez au contraire la louange qui le prévient.

Si nous avons attaqué, c'eſt en lions, & pour dévorer, pour nous nourrir nous-mêmes : après quatre-vingts ans de batailles & de victoires, nous avons enfin ſaiſi notre proie : nous lui avons ſans ſcrupule donné à *Munſter* le coup mortel, parce que notre propre exiſtence en dépendoit :

c'eſt le grand axiome de tous les tems : *væ victis !*

Vous pleurez ſur la décadence d'*Anvers* : mais ſongez à la proſpérité d'*Amſterdam* : ne voyez pas l'*Eſcaut* fermé, & déſert ; voyez le *Texel* ouvert, & peuplé : ſi l'aſpect de l'humiliation des *Pays-Bas Autrichiens* vous afflige, vous trouverez de quoi vous conſoler en fixant vos regards ſur les nôtres.

Songez que ſans la léthargie de l'*Eſcaut*, cet entrèpôt immenſe d'*Amſterdam*, & cent autres dont notre induſtrie auſſi courageuſe qu'infatigable l'a entouré n'exiſteroient pas. Des millions d'hommes y cultivent en paix tous les arts utiles & agréables : ils y font fleurir le commerce, la navigation ; ils ſont dans l'univers entier les nourriciers de l'agriculture, & les pourvoyeurs généraux de tous les peuples.

Levez la barrière qui a repouſſé de ce côté les tréſors, & l'activité dont autrefois l'*Eſcaut* étoit la ſource, ces cités ſi animées redeviendront ce qu'elles étoient, des marais inacceſſibles, le tombeau des générations futures, & la honte du ſiècle qui aura produit cette affreuſe révolution (1).

---

(1) C'eſt-là le langage des *Hollandois* : les *Etats-généraux*, dans la réſolution du 9 Octobre, diſent poſitivement que l'*ouverture de l'*ESCAUT *eſt de la dernière conſéquence pour l'Etat, & étroitement liée avec le maintien & la ſureté*

Cette raiſon peut paroître excellente aux matelots du *Pampus* : mais doit-elle ſembler déciſive aux Bourguemeſtres d'*Anvers*, aux peuples dont ils ſurveillent les intérêts, au Souverain éclairé qui ne peut, ſans manquer au premier de ſes devoirs, ſans compromettre ſa juſtice & ſon honneur, continuer d'être le complice de leur oppreſſion ?

Elle ſe réduit à la conſidération que j'ai dit que je ne diſcutois pas, & qui en effet n'a pas beſoin d'être diſcutée ; à l'*intérêt perſonnel*, au droit du plus fort : en ce ſens j'avoue que l'interdiction de l'*Eſcaut* ſera conforme au droit naturel ; mais ce droit en approuvera également la réhabilitation.

Dans l'exemple que j'ai cité, l'animal carnacier eſt juſtifié par ſon appétit : mais ſi la proie qu'il a cru ſaiſir lui échappe, & ſe venge ; ſi étant abattue, elle peut ſe relever, & l'étrangler lui-même, elle n'en aura rien fait que de très-louable, de très-légitime.

Cette raiſon ſéparée du droit que produiſent les conventions politiques ou civiles, n'eſt pas admiſſible entre les hommes ; ou bien, comme je l'ai obſervé, elle juſtifie également la défenſe

---

du pays. Nous verrons par la ſuite, ſi cette aſſertion, qui ſert de fondement à leur opiniâtreté, eſt véritablement fondée.

& l'attaque : elle seroit aussi contraire que favorable aux *Hollandois.*

Appuyée par les traités, elle pourroit être de quelque poids, si ces traités en eux-mêmes étoient valides ; s'ils étoient originairement fondés sur la justice, ou sur une convenance mutuelle : mais celui de *Munster*, comme je l'ai fait voir, n'étoit que l'abus de la force ; la clause qui exige la stagnation de l'*Escaut*, est contraire au droit de la nature, puisqu'elle opère une inertie que ce droit réprouve ; ou si les *Hollandois* prétendent qu'elle y est conforme, parce qu'elle leur devient profitable, l'infraction qui l'abroge s'en rapproche également, puisqu'elle fait revivre une possession, des jouissances plus anciennes encore que les leurs, & non moins utiles aux propriétaires.

---

§ V.

*La clôture de l'*ESCAUT *ne blesse-t-elle pas le* DROIT DES GENS ?

IL leur reste une ressource : c'est de dire qu'ils n'avoient pas même ici besoin d'une convention particulière : la prohibition qu'ils ont fait ratifier par un traité, ils pouvoient l'ordonner sans cette forme. Maitres de l'embouchure de l'*Escaut*, & des deux rives qui la bordent, ils en ont interdit le paſſage : qui peut leur en conteſter le droit?

Les Souverains, les ſimples particuliers ne peuvent-ils pas fermer à des étrangers l'accès de leurs domaines? Je poſsède des terres qui ſéparent de la grande route celles d'un voiſin ſitué au-deſſus de moi : certainement il lui ſeroit commode & avantageux de les traverſer pour arriver directement au chemin commun : cependant ne puis-je pas me refuſer à cette ſervitude? Si elle n'eſt pas ſtipulée par un aveu formel de moi, où de mes prédéceſſeurs, dois-je me faire un ſcrupule de l'obliger au détour fatiguant qui diminue la valeur de ſa propriété?

Voilà, ajoutent les *Hollandois*, le cas où nous nous trouvons, excepté que non-ſeulement il n'y a point de contrat qui nous aſſujettiſſe à livrer le paſſage réclamé; mais qu'il y en a un au contraire qui défend même de le convoiter.

Le raiſonnement ſeroit bon ſi la comparaiſon étoit exacte; mais elle ne l'eſt, ni dans le droit, ni dans le fait : jamais on n'a prétendu ſoumettre à la même juriſprudence les deux élémens au ſujet deſquels on voudroit ici que la propriété de l'un emportât celle de l'autre.

La *terre*, cette maſſe lourde & groſſière, théâtre de nos vertus comme de nos excès, eſt dévouée en général, & en détail à la tyrannie de la propriété; elle eſt ſoumiſe aux chaînes de toute eſpèce qui ſe fabriquent à ſa ſurface, &

dont les matériaux ou les objets font fortis de fon fein. On la charge de remparts : on l'entoure de barrières : on la divife, on la dépèce par des contrats : la ftabilité ne lui permet de fe dérober à aucune des loix qu'on veut lui impofer.

Il n'en eft pas de même de cet autre élément qui l'entoure, la pénètre, l'embellit; de cet élément dont la mobilité eft l'effence; qui n'exifte qu'autant qu'il eft fluide, & qu'une loi inévitable précipite fans ceffe vers un baffin commun.

Vous pouvez en emprifonner quelques portions : l'induftrie laborieufe peut conftruire à grans frais des étangs : fi la nature d'elle-même a oublié de donner une iffue à quelques-uns de ces dépôts qu'elle laiffe fe former à l'écart, & que vous en poffédiez les bords, fans doute vous en aurez le domaine entier : il vous fera permis d'en interdire l'accès, puifque perfonne ne pourra ni en fortir, ni y pénétrer fans paffer fur les terres qui vous appartiennent.

Mais ce magafin général qui contient la terre, plutôt qu'il n'y eft contenu; ce dépôt univerfel où la nature puife & verfe fans ceffe les eaux de l'ufage defquelles elle a fait dépendre l'exiftence de tout ce qu'elle animoit, ce réfervoir bienfaifant dont le defsèchement feroit la profcription abfolue de toutes les races vivantes, il n'appartient à perfonne parce qu'il appartient à tout le monde.

Et cet élément dont il étoit néceffaire que la poffeffion reftât commune, l'ordonnateur fuprême l'a pour ainſi dire organiſé de manière que l'idée même de l'enchaîner pût paroître incompatible avec ſon eſſence. Cette eau qui baigne les rivages dont vous êtes propriétaire, vous ne pouvez en prétendre l'empire, non ſeulement parce que tous les êtres en ont un beſoin égal, mais parce qu'au moment où vous allez la marquer du ſceau de la ſervitude, elle vous échappe, elle eſt déjà ſur un domaine étranger.

D'ailleurs vous n'avez point d'intérêt à l'aſſervir : ſa fuite vous eſt plus utile que ne le ſeroit ſa ſtagnation : en paroiſſant ſe dérober à votre joug, elle emporte pourtant avec complaiſance les vaiſſeaux chargés des productions de vos domaines : elle y verſe celles qu'elle a recueillies dans les terres plus éloignées : docile pour tous les hommes, ſans être l'eſclave d'aucun ; emblême de la liberté qui s'entretient par les orages, & vivifie par ſes agitations le ſéjour qu'elle ſemble troubler, elle eſt la bienfaitrice univerſelle, le lien de tous les peuples, & l'ornement du monde.

Auſſi la franchiſe de la mer eſt-elle devenue un des plus ſacrés axiomes du code du *droit des gens*, & peut-être le ſeul qui mérite un hommage ſans exception. Les tentatives de quelques nations pour l'éluder n'ont jamais eu de ſuccès : pour s'aſſurer l'empire des eaux il faudroit une fortune auſſi conſtante que leur ſurface eſt variable, des forces égales à ſon étendue.

Mais cette indépendance, cette propriété de n'appartenir qu'aux hommes qui ont l'audace de les parcourir, & pour l'inftant feulement où ils 'en fillonnent la fuperficie, s'étend à leurs divifions, comme à leur totalité. Si quelques Puiffances ont eu quelquefois le délire de fe croire, & le bonheur de fe faire croire propriétaires d'un *bras de mer*, d'un *détroit*, ce n'eft pas en les rendant inacceffibles qu'elles ont prétendu fignaler leur poffeffion : ce n'eft pas pour régner fur un défert qu'elles y ont étendu leur fceptre.

Le Roi de *Dannemarc* fe dit le maître du *Sund* : on ne lui contefte pas le léger tribut qu'il lève fur ce paffage : mais il feroit bien fâché qu'on le foupçonnât de vouloir le fermer.

Les *Venitiens* fe prétendent les maris de la Mer *Adriatique*; mais époux complaifans, poffeffeurs tranquilles, ils font bien loin d'écarter du lit conjugal où ils repofent, les navigateurs curieux d'en partager les droits.

Les *Turcs* ne voient pas fans inquiétude les *Européens* fe hafarder dans les rochers, & les bancs de fable de la *Mer Rouge;* mais c'eft le fanatifme de la religion qui excite leurs fcrupules, & non celui de la propriété qui anime leur jaloufie. Aux *Dardanelles*, ils arrêtoient les vaiffeaux de guerre, ils vifitoient les marchans : le foin de leur propre fureté excufoit cette vigilance; & les *Ruffes* viennent de leur prouver qu'elle n'étoit pas irréfragablement ratifiée par le *droit des gens.*

En général fi la volonté divine a fixé des bornes à la mer; fi Dieu lui a dit, *Tu viendras jufques-là*, *& non plus loin*; l'aveu unanime de toutes les nations lui affure le droit de venir librement jufqu'à cette limite tracée par l'ordre fuprême. La mer eft reconnue indépendante de tout autre pouvoir que celui de fon auteur (1) : mais cet avantage que perfonne ne peut lui contefter, les fleuves qui en font partie peuvent-ils en être privés ?

Quel eft fur un canal tel que l'*Efcaut* le point où les *Etats-généraux* fixeront le commencement de leur empire, & la fin de celui de la mer ? A quelle marque diftingueront-ils la ligne préfixe où les eaux defcendues le matin ceffent d'être *Brabançonnes*, celle où les flots repouffés le foir par l'océan, & libres comme lui, reçoivent la livrée funefte qui décide leur fervitude ?

---

(1) Non-feulement par leur fituation politique & phyfique, les *Hollandois* font plus intéreffés que les autres nations à foutenir cette vérité ; mais c'eft un de leurs plus célèbres auteurs qui l'a le premier développée avec quelque étendue : l'ouvrage de *Grotius* intitulé *Mare Liberum* a été compofé fur-tout en faveur de fa nation : cet écrivain y établit, ainfi que dans fon grand traité *du Droit de la Guerre & de la Paix*, que la mer ne peut devenir la propriété d'une nation particulière.

Il eft vrai qu'il ne penfe pas de même à l'égard des *rivières* : mais fes décifions ne tombent que fur des cas tout différens de celui dont il s'agit ici ; il n'avoit pu le prévoir, puifqu'il étoit mort en 1645.

Est-ce le moment où ils s'enclavent dans les rives *Hollandoises*, est-ce leur simple passage sur la terre des *Provinces-Unies*, qui produit cette métamorphose ambulante ? Est-ce cette filière politique qui les transmue sur le champ avec tant d'efficacité ; qui dénature également à chaque marée le torrent qui s'éloigne d'*Anvers*, & celui qui s'en rapproche ?

Mais l'air suit le même cours ; l'air passe, & repasse aussi de la même manière sur leurs domaines. Pourquoi les *Hollandois* ne prétendent-ils pas qu'il doit subir les mêmes vicissitudes dans son existence politique ? Que n'interdisent-ils aux oiseaux le droit de passer du *Brabant* dans la *Zélande* ?

Les *ballons aërostatiques* sont encore un peu loin de devenir des voitures commodes & assurées ; d'offrir des ressources pour le commerce, & la curiosité : mais enfin s'ils acquerroient jamais une perfection qui les rendît propres à cet usage, tomberoit-il dans l'esprit d'un peuple quelconque de stipuler, en traitant avec des voisins même vaincus, que les *aëronautes* ne pourront traverser les nuages qui ombrageront son pays ? Un *Roi de* FRANCE interdira-t-il à l'*Espagne* la faculté de faire voler ses couriers en ligne droite des *Pyrénées* aux *Alpes*, sous prétexte que ce seroit déroger à sa souveraineté ?

Ce projet paroîtroit fou autant qu'injuste, par l'impossibilité d'asseoir des Corps-de-garde sur ce courant variable, par l'atteinte que cette tentative, si elle réussissoit, porteroit au *droit des gens*, fondé sur celui de la nature, qui a voulu que l'air fût & restât commun à tous les hommes, quoique partagé entr'eux tous, & passant perpétuellement, mais librement, de l'un à l'autre.

La stipulation des *Hollandois* contre l'*Escaut* n'est pas si folle, parce qu'il est plus aisé d'établir des vaisseaux stationnaires sur un fleuve, & des frégates *à mitraille* à son embouchure, qu'auprès des réservoirs de la neige & de la grêle; mais est-elle moins injuste?

Quoi! cette masse d'eau qui ce matin descendoit d'*Anvers*, qui ce soir y remonte, vous appartient! Essayez donc de la fixer sur ce terrein qui vous en confere la propriété : signalez votre force & votre domaine, en lui fermant le passage. Ce n'est pas aux flottes qu'elle charrie qu'il faut adresser vos ordres; c'est à elle-même : renouvellez, éternisez donc le prodige de *Josué*; ou si votre ambition est obligée de céder en ce point à la nature; si pour votre propre salut, vous êtes obligé de laisser écouler mes eaux, n'y a-t-il pas de votre part une injustice révoltante à ne vouloir permettre que le passage qui vous est salutaire, en interdisant celui qui me seroit utile?

Supposons qu'à *Munster*, au lieu de mutiler l'*Escaut* & le *Brabant*, on en eût cédé la propriété aux *Hollandois*, & que les Princes *Autrichiens*, restés *Comtes de FLANDRES*, eussent entrepris avec succès de détourner ce fleuve dans le grand canal de *Gand* à *Bruges*; qu'ils eussent pu lui ménager une embouchure digne de lui, à travers les dunes entre *Ostende* & *Blankenberg*, les *Hollandois* ne se seroient-ils pas recriés contre cette innovation violente? N'auroient-ils pas dit qu'on enfreignoit les loix les plus sacrées de la nature & de la justice; que par leur position ils avoient des droits sur les eaux de la rivière, avant même qu'elles fussent arrivées jusqu'à eux; qu'entreprendre d'en changer ainsi le cours étoit un attentat intolérable contre les principes qui font la sécurité des peuples?

Eh bien, ce qu'ils n'auroient pas voulu endurer physiquement du *Comte de* FLANDRES, pourquoi osent-ils se le permettre politiquement contre le *Duc de* BRABANT? Lui fermer l'embouchure de sa riviere, n'est-ce pas pour lui la même chose que si on la desséchoit? Les *Hollandois* se seroient crus autorisés à remonter jusqu'à *Gand*, pour rappeller ces eaux fugitives dans leur véritable canal; ils auroient fait valoir même sur ce territoire étranger la destination qu'elles devoient avoir sur le leur : pourquoi donc leur voisin ne pourroit-il pas en descendant exercer aussi le même droit *de suite*? Maîtres d'*Anvers* ils auroient exigé pour soutenir la prospérité de cette ville, que son canal fût toujours plein, & que l'*Escaut* y coulât librement dans les deux sens : l'Empereur ne demande pas autre chose.

Mais avec la franchiſe des eaux qui s'échappent de ſon pays, ou qui y remontent, il veut auſſi celle des flottes qu'elles porteront! Sans doute: eh, l'une n'eſt-elle pas la ſuite néceſſaire de l'autre? Ces eaux ſont-elles des ennemies avec qui vous ſoyez en guerre, & dont vous ayez droit de confiſquer la charge?

Un point auſſi ſolemnellement conſacré par le *droit des gens* que celui de la franchiſe de la mer, c'eſt que, même au milieu de ces terribles infractions de tous les droits qu'on appelle la *guerre*, l'enveloppe extérieure des cargaiſons ſuffit pour les rendre reſpectables: qu'un *vaiſſeau* AMI *ſauve la marchandiſe* ENNEMIE. Toutes les nations ſont convenues de ne pas attenter à la propriété du navire, & d'en étendre la ſauve-garde à ce qu'il contient.

Eh bien, pourquoi ces eaux qui ſortent d'*Anvers* chargées de vaiſſeaux, dont vous reſpecteriez la propriété en pleine mer, n'ont-elles pas le même privilège que l'océan avec lequel elles vont ſe confondre? Pourquoi la franchiſe du bâtiment qu'elle porte ne s'étend-elle pas juſqu'à elles, pourquoi la leur ne s'étendroit-elle pas juſqu'à lui? Puiſque vous ne pouvez pas les arrêter, pourquoi arrêtez-vous ce qu'on lui confie? De quel droit leur défendez-vous de porter à la mer ce qu'elles ont reçu pour elle? N'eſt-ce pas-la un véritable brigandage?

Sans doute un Souverain dans les Etats duquel une rivière prend naiſſance, peut ſe dire en en droit d'en dominer le cours, jufqu'au terme où elle abandonne fes Etats : elle eft alors dans le cas d'un lac, ou d'un étang. En montant, en defcendant, on ne peut que pénétrer chez lui, ou en fortir : fi par des confidérations particulieres il veut interdire cette facilité au commerce, il fera mauvais politique ; il fera adminiftrateur aveugle, ou injufte, envers fes fujets ; mais il ne violera point le droit commun des nations : tous les hommes qui pourroient profiter de cette reffource étant foumis à fes volontés, en la leur enlevant il fait un ufage peu éclairé, mais légitime, de fa puiffance.

Mais fi ce même courant traverfe fucceffivement plufieurs royaumes, & leur préfente par conféquent un moyen facile de communication, celui qui en interceptera le paffage, violera le *droit des gens* autant de fois qu'il y aura de parties intéreffées à cette prohibition ; & fi c'eft un fleuve qu'on boucle ainfi, le droit de toutes les nations fera violé, puifque c'eft la mer, puifque c'eft la propriété commune à toutes qui fe trouvera tyrannifée dans cette partie.

Qu'on y prenne garde, en fermant l'*Efcaut* les *Hollandois* femblent n'avoir voulu maîtrifer que les fujets d'une Puiffance trop foible alors pour repouffer leurs exactions : mais n'étoit-ce pas réellement à tous les peuples qu'ils impofoient ce joug honteux ? Pourquoi un négociant *Anglois*, un *Ruffe*, un *Italien*, qui veut envoyer par mer fes effets à *Anvers*, ne le pourra-t-il pas ? Qu'ont de commun ces nations

D

avec la molle condescendance des *Espagnols* de l'autre siècle, & le traité du 30 Janvier 1648? Y ont-elles concouru ? L'ont-elles signé ? L'ont-elles ratifié ? L'ont-elles garanti ?

Je suis bien surpris qu'au lieu de faire tenter le passage par des bâtimens *Autrichiens*, on n'ait pas fait apparoître sur le *Hondt* un pavillon *Russe*. Q'auroient dit les *Hollandois* à la vue d'une patente *Esclavonne*, signée *Catherine*, & d'un chargement de *Pétersbourg* déclaré destiné pour *Anvers* ?

Je m'étonne que cette Puissance qui semble de nos jours en possession de résoudre les problêmes politiques, & d'ouvrir les passages enchaînés par la force, n'ait pas ambitionné la gloire d'affranchir celui-ci : certainement la flotte gardienne de *Flessingue* auroit été embarrassée ; & si la mitraille de *Lillo* avoit eu lieu, au moins ce n'est pas au nom du Traité de *Munster* qu'elle auroit été lancée.

Ainsi ce Traité est injuste : il est contraire à toutes les especes de droits reconnus parmi les hommes, autant qu'à celui de la nature : il est sans exemple dans l'histoire (1) : il seroit par

(1) On voit des rivières, & de très-belles rivières presque devenues inutiles à la navigation, par la tyrannie des péages : la *Meuse*, le *Rhin*, l'*Elbe*, & bien d'autres, gémissent sous ce despotisme extravagant, reste des institutions de la barbarie, de l'ignorance, autant que de l'avi-

lui-même très-facile à éluder, sans que la politique la plus subtile pût trouver le moindre prétexte pour en réclamer l'exécution : voyons maintenant si les *Hollandois* ont un intérêt effectif à le soutenir ; si le sacrifice en seroit aussi ruineux pour eux qu'ils le prétendent.

Jusqu'ici j'ai parlé en Jurisconsulte qui discute des droits positifs : parlons maintenant en Philosophe qui apprécie les convenances, qui, sans abandonner les principes de la justice, voudroit en faveur de l'humanité, pour prévenir s'il est possible l'effusion du sang, & les calamités de la guerre, établir ceux de la prudence. Je m'adresse à des hommes assez éclairés pour m'entendre, à moins que le funeste prestige de l'intérêt ne les rende aussi inaccessibles à la raison, qu'ils voudroient que l'*Escaut* le fût au commerce.

---

dité ; leurs bords sont infestés de corsaires insolens sous le nom de *commis*, chargés de rançonner, au nom des Princes dont elles fertilisent les domaines, les malheureux marchans qui s'exposent à ces ruineuses excursions : cette avarice aveugle sans doute en élude la destination : elle en détruit l'utilité ; mais il n'y en a aucune dont on se soit jamais avisé de barrer le passage, avec l'intention avouée de la rendre inutile.

§ VI.

*Si l'Ouverture de l'*ESCAUT *ſeroit auſſi préjudiciable aux* HOLLANDOIS *qu'ils paroiſſent le craindre, & ſi dans tous les ſens ils ne devroient pas la préférer à la guerre.*

HÉRITIERS des *Maurices*, des *Ruyters*, vous croyez dans la régénération de l'*Eſcaut* voir l'arrêt de votre décadence : vous vous imaginez qu'il faut que le *Brabant* reſte dans ſa léthargie, pour que la *Hollande* n'y tombe pas : vous tremblez que ces magaſins qui ſont fleurir les bords de l'*Amſtel*, n'aillent bientôt vivifier ceux d'un fleuve ſi ſupérieur : l'immenſe population qui écraſe les pilotis d'*Amſterdam* vous paroît déjà tranſportée de ces marais fangeux, & ſouvent infects, dans les plaines ſi fertiles, ſi riantes, ſi ſalubres du *Brabant* ? Vous aimez mieux, pour en prévenir la tranſplantation future, en ſacrifier dès à préſent une partie : vous conſentez à voir aujourd'hui les frontieres de vos Etats enſanglantées, ravagées de toutes les manieres, de peur qu'un jour le centre ne ſe dépeuple.

Mais cet augure funeſte eſt-il donc ſi bien juſtifié ? Cet avenir terrible eſt-il donc ſi certainement inévitable ? Eſt-il bien vrai que dès que le *Brabant* cessera d'être de vos côtés une prison, vos provinces deviendront des déserts ? Il n'y a pas d'observateur sensé qui puisse croire qu'à cet égard vos alarmes soient sincères, ou du moins qu'elles aient pour objet une décadence prochaine.

D'abord vous avez des avantages qui ne sont pas aussi aisés à acquérir, que l'est à rompre un traité inique. Vous possédez des capitaux immenses : vous connoissez tous les canaux, toutes les ressources, toutes les facilités, &, s'il faut le dire, toutes les ruses du commerce : votre marine *militaire* est humiliée & dégradée ; mais votre marine *marchande* est encore brillante. Vous navigez avec une hardiesse rarement démentie par la fortune, avec une économie qu'aucune autre nation ne voudroit, ne pourroit peut-être imiter.

Votre *Compagnie des* INDES expie aujourd'hui par sa langueur & sa détresse le despotisme atroce, le monopole injurieux & dispendieux pour les autres nations, qui, après en avoir souillé la naissance & la prospérité, accompagne encore l'approche de ses derniers momens : mais il n'est pas prouvé que sa dissolution fût une calamité pour l'Etat : peut-être au contraire y seroit-elle une source de régénération.

Les lumières qui deviennent plus communes ; le desir de tirer soi-même parti des avantages de la situation ou de l'industrie, commence à prévaloir chez tous les peuples de l'*Europe*, & tend imperceptiblement à diminuer votre influence ſur le commerce général : mais il vous reſte cependant la matiere d'un vaſte commerce particulier, & lucratif encore, au moins pour long-tems, dans l'énorme quantité d'eſpeces que vous avez ſu accumuler, dans l'habitude où ſont preſque toutes les places d'uſer de votre entremiſe, pour s'en tranſmettre les équivalens; dans vos propriétés des deux mondes, propriétés dont la poſſeſſion ſeroit bien plus affarmie par une jouiſſance modeſte, & même obſcure, que par une oſtentation brillante de force & de grandeur.

Ces avantages ſont-ils du nombre de ceux que l'ouverture de l'*Eſcaut* peut vous faire perdre ? Sont-ils du nombre de ceux qu'elle peut en un moment procurer à vos rivaux?

Ce fleuve eſt un ſuperbe canal : il étoit autrefois le rendez-vous de la navigation du *Nord*, & un des centres de celle du *Midi* : ſa ſituation & ſes avantages n'ont pas changé : mais les pays qu'il traverſe ſont-ils aujourd'hui ce qu'ils étoient alors ? Les autres nations qui l'enrichiſſoient, ſont-elles au point de mal-adreſſe & de groſſiereté dont il profitoit ? Admire-t-on encore dans la *Flandres*, dans le *Brabant*, ces immenſes manufactures où ſe travailloient les laines de l'*Angleterre*, aſſez aveugle alors pour dédaigner de les mettre elle-même en œuvre, ou en ignorer l'art ? Ces provinces ont-elles encore pour aſſociée, pour ſoutien, la ligue de la *Hanſe*, cette aſſociation de marchands induſtrieux qui en faiſoient leur entrepôt, & leur principal débouché.

Alors elles étoient le centre d'un vaste empire auquel il n'a manqué pour jouir d'un éclat, d'une prospérité durables, que de compter parmi ses institutions la loi *salique*; d'appartenir à un Souverain moins puissant, mais qui n'ayant pas d'autres domaines, se crût vivement intéressé à prévenir la dégradation de celui-là.

Aujourd'hui elles en sont le plus foible démembrement. Les productions de leur industrie sont bornées, comme celles de leur terroir : elles se multiplieront sans doute ; mais dans quelle proportion ? Leurs progres ne seront-ils pas toujours gradués sur leurs ressources effectives ?

L'*Escaut* redeviendra un entrepôt commode & sûr : mais l'empressement à le rechercher aura des limites, comme l'emploi qu'il sera possible d'en faire : les négocians de tous les pays liés à vous par une longue correspondance, abandonneront-ils tout d'un coup ces maisons célebres, plus affermies dans le commerce que leurs fondemens physiques ne le sont sur le terrein tremblant qui les soutient ?

Avec le tems peut-être ils se partageront entre *Amsterdam* & *Anvers* : mais peut-on craindre sérieusement que l'abandon ne soit subit & total ? Sommes-nous au tems où ces révolutions rapides s'effectuoient si aisément, où en deux siecles *Venise* succédoit à *Constantinople*, & *Lisbonne* à *Venise* ? Combien de cités opulentes se sont élevées depuis que votre capitale fleurit, sans que leur grandeur ait anéanti la sienne!

De quelle époque datent dans le commerce *Londres*, *Bordeaux*, *Nantes*, *Marſeille*, *Cadix* même, & *Lisbonne*? Cette dernière a déchu depuis le 17e. ſiècle : mais les autres, ce même ſiecle les a vu naitre, & vous exiſtez encore. Croyez donc que la réſurrection d'*Anvers* ne vous ſera pas beaucoup plus fatale que leur naiſſance. Ce qui ne peut manquer de vous être funeſte, ce ſont les convulſions ſanglantes auxquelles vous voulez vous livrer pour l'empêcher.

Il y a plus : non-ſeulement l'ouverture de l'*Eſcaut* ne peut porter à la proſpérité de la *Hollande* en général qu'un léger préjudice, qu'un préjudice éloigné même; mais ce n'eſt qu'à une petite portion de cet État qu'elle pourroit faire ce tort inſenſible, & à venir : dès à préſent pluſieurs de ſes provinces en retireroient un avantage réel & durable : la *Zélande* par exemple, & tous les pays voiſins ne peuvent qu'y gagner.

L'*Eſcaut* leur eſt inutile aujourd'hui; plus, pour ainſi dire, qu'au *Brabant* : pareils à ces frians avares qui n'oſent quelquefois ſe faire ſervir des vins précieux, de peur d'être obligés d'en faire part à une trop nombreuſe compagnie, de peur de partager avec les bourgeois d'*Anvers* cette navigation, ils ſe l'interdiſent à eux-mêmes, comme je l'ai déjà obſervé : du moment que la barrière ſera détruite, ce ſcrupule de convoitiſe ne ſubſiſtant plus, c'eſt pour eux, comme pour les ſujets de l'*Empereur*, que l'*Eſcaut* ceſſera d'être fermé.

Ils auront pour leur propre commerce un débouché de plus : ils auront les bénéfices attachés à la poſſeſſion des deux bords d'une route fréquentée, & ſur-tout d'une route maritime : ils ſeront pour long-tems, pour toujours peut-être, les conſtructeurs, les directeurs, preſque les propriétaires de ces navires, dont l'idée ſemble vous inſpirer un effroi ſi peu fondé.

Les habitans d'*Anvers* voudront négocier par mer. Ils ont de l'argent : ils ont le génie du commerce; ils en ont le goût : mais ont-ils des vaiſſeaux? ont-ils des matelots? Ne prendront-ils pas naturellement, forcément même ceux qu'ils trouveront à leurs portes? La petite diminution d'affaires qui réſultera à *Rotterdam*, à *Amſterdam*, de la multiplication de celles d'*Anvers*, ne ſera-t-elle pas abondamment compenſée *pour l'Etat* par la ſolde que vaudra ce ſervice étranger à une partie de ſes ſujets?

Dans tous les ſens votre oppoſition à l'ouverture de l'*Eſcaut* n'eſt donc que la ſuite d'un caprice injuſte, déraiſonnable en lui-même, & que les circonſtances rendent encore plus imprudent.

Le Traité de *Munſter* a pu dans le tems faire honneur à votre politique : elle étoit alors cruelle, mais éclairée : les *Pays-Bas* dont vous vous ſépariez appartenoient à une Puiſſance qui reſtoit maîtreſſe du Nouveau-Monde, & ne pouvoit manquer de conſerver le ſouvenir de ſes pertes dans l'ancien : vous étiez peut-être excuſables, vous que ſa ruine avoit enrichis, vous qui jouiſſiez de la plupart des poſſeſſions arrachées à ſa foibleſſe, de craindre qu'elle ne prît un jour ſa mémoire pour un droit ; & que ce que l'*Eſcaut* auroit conſervé des débris de ſon commerce ne nourrît la tentation perpétuelle de le rappeller à ſon ancienne ſplendeur.

Si le coup qui briſa tous ſes rapports avec le reſte des dominations de ſes maîtres ne fut pas un trait d'équité morale bien épurée, c'en fut un de politique très- adroite, & très-profonde : mais ce fil une fois rompu ne ſera pas auſſi facile à renouer que vos appréhenſions ſembleroient le faire ſuppoſer. Même après la rétractation du Traité de *Munſter* l'influence en ſera encore long-tems ſenſible : peut-être ne ſera-t-elle jamais détruite.

L'*Empereur* cependant a raiſon de deſirer l'extinction de ce monument aviliſſant pour une couronne qu'il poſsède : vous n'en avez aucune, ou du moins vous n'en avez que de bien foibles pour vous y oppoſer : quelque bornée que doive être la reviſication de ce ſquelette ſi long-tems engourdi dans la captivité ; quelque lents que puiſſent être ſes progrès, il ſera toujours plus honorable pour le maître de commander à un corps animé qu'à un cadavre, plus flatteur, plus utile pour les peuples de faire partie d'un domaine affranchi que d'un empire eſclave.

Mais quelque rapide que dût être ſa régénération, quelque tort même qu'elle dût vous faire, elle vous fera toujours moins préjudiciable qu'une guerre dont il ne vous eft pas permis d'efpérer une iffue pareille à celle de MUNSTER, qu'une tracafferie dont les plus heureux fucces ne compenferont jamais, fur-tout pour vous, les calamités. Un retour férieux fur vous-mêmes, fur votre fituation, ne devroit-il pas vous rendre ou plus modeftes, ou plus faciles ?

Qu'à *Munfter*, traitant avec l'*Efpagne* abattue, conftérnée, preffée par vous-mêmes dans tous les *Indes*, par la *France* dans les *Pays-Bas* ; attaquée fur fes propres foyers par le *Portugal* déjà libre, par la *Catalogne* qui travailloit à le devenir ; fuccombant enfin par-tout fous fa propre maffe, & la foibleffe de fon gouvernement, vous ayez eu la hardieffe de lui propofer, & le bonheur de lui faire ratifier, le facrifice douloureux des plus beaux droits d'une province, qui alloit lui échapper fi elle s'y étoit refufée ; on le conçoit

Mais aujourd'hui vous êtes prefque vous-mêmes réduits à la pofition où l'*Efpagne* fe trouvoit en 1648. De forces maritimes, vous n'en avez point : de forces terreftres, vous en avez peu : vous fortez d'une guerre ruineufe, terminée par une paix peu honorable : une Compagnie de commerce regardée fi long-tems comme la fource de la profpérité commune de votre Etat, & affociée à fa gloire, n'eft plus qu'une charge embarraffante qui vous prépare peut-être autant de défaftres, que vous avez cru autrefois lui devoir de fuccès (1).

Toutes les nations fucceffivement éclairées confpirent à vous enlever ce commerce précaire, ce trafic regrattier, auquel l'ignorance univerfelle a donné dans vos mains tant d'importance & de grandeur : depuis plufieurs années vous n'attirez l'attention de l'*Europe* que fur des démêlés intérieurs incapables, quel qu'en foit le fuccès, quelle qu'en foit la véritable caufe, d'augmenter au-dehors votre crédit, & votre confidération.

---

(1) C'eft une remarque fingulière que les trois Compagnies des *Indes* les plus brillantes, les feules qui aient réellement été, ou paru être des Corps puiffans, fe foient à-peu-près dans le même tems trouvées dans une décadence commune. La Compagnie *Françoife* n'a pu réfifter aux premiers fymptômes de la détreffe : elle s'eft évanouie fans réfiftance. Les deux autres plus robuftes ont un peu combattu : elles traînent encore : combien durera leur langueur? On n'en fait rien.

Mais enfin il eft certain que dans le tems où le Miniftère *Anglois*, quel que fût fon motif, déclaroit publiquement fa *Compagnie des* INDES infolvable, celle de *Hollande* avouoit non moins publiquement fon infolvabilité : des deux côtés il a fallu venir à leur fecours : on verra quel fera l'effet des remèdes : mais la maladie feule ne juftifie-t-elle pas les cenfures que tant de gens éclairés n'ont ceffé de multiplier contre cette manière de faire, & d'adminiftrer le commerce?

Eſt-ce là le moment de provoquer à une lutte ſanglante le Souverain de l'*Europe* muni à l'époque actuelle de l'état militaire le plus nombreux, le plus complet, le plus redoutable ; un Souverain qui ayant des droits, ou au moins des titres ſur votre pays tout entier, ſe bornoit à affranchir le ſien d'une ſervitude honteuſe autant qu'inique; un Souverain qui pour aſſurer votre repos, & reſpecter même vos autres uſurpations, ne demandoit que le ſilence ſur une opération que la juſtice comme ſa propre gloire lui ordonnoient d'effectuer, tandis que cette juſtice, ſoutenue par la politique, vous défendoit de la troubler; enfin un Souverain qui offroit de payer ce ſilence; qui ayant ſur une portion de ces Etats autrefois démembrés par vous un droit inconteſtable, reconnu, recréé, pour ainſi dire, par vous-même, poſtérieurement au grand accord de 1648, titre de votre indépendance & de votre tyrannie, conſentoit à faire de la ceſſion de ce droit le prix de la ratification de l'autre; qui, ſans vous croire fondés à lui retenir un domaine offert & promis par vous en échange d'un ſecours donné & reçu, ſe ſoumettoit à ne pas faire valoir une prétention que vous n'auriez jamais pu éluder, pourvu que vous en abandonnaſſiez une que vous n'auriez jamais dû élever (1).

---

(1) Les droits de l'Empereur ſur *Maſtricht*, ſur le Comté de *Vroonhoven*, & le pays d'*Outremeuſe*, ſont ſi évidens, qu'on ne conçoit pas que les *Hollandois* aient pu, ou ſe flatter de les obſcurcir, ou ne pas ſaiſir l'occaſion de les éteindre.

L'attaquer dans de pareilles circonstances ; l'outrager ; insulter son pavillon, ses ordres directs, avec une affectation de mépris & de cruauté, qui semble avoir eu pour but de compromettre son honneur personnel, autant que celui de sa couronne, de l'avilir aux yeux des Puissances étrangères, autant qu'à ceux de ses propres sujets, est-ce là la démarche d'une république prudente, d'une administration sage & réfléchie ? Voilà, je crois, ce que tout homme impartial, ce que tout observateur sensé, se croira en droit de dire aux *Hollandois.*

Leur obstination seroit-elle fondée sur l'espoir secret de trouver des Alliés qui les appuient, & d'échapper à la fin de ce siècle à l'invasion qui les menace, aussi heureusement qu'à celle qui les avoit presque submergés à la fin du précédent ? Se flatteroient-ils que les canons de leurs voisins à-peine réfroidis vont se rallumer en leur faveur dans l'incendie dont ils semblent se faire un jeu, & un plaisir ? Ce seroit sans doute un horrible malheur pour l'*Europe* déjà trop justement inquiette des troubles que semblent présager plus d'une succession dont les échéances ne sont pas éloignées suivant le cours ordinaire de la nature.

Si une déplorable fatalité ne nous permet pas d'échapper à ceux-là, l'importance de l'objet paroîtra les annoblir, & en quelque sorte les excuser : mais ici l'anticipation sanglante que les *Hollandois* veulent nécessiter, seroit d'autant plus affreuse que le sujet en seroit plus léger,

& que la phrénésie de raisonner à coups de canons s'étendroit à un plus grand nombre de peuples.

Heureusement la politique est ici d'accord avec la philosophie pour sauver cette honte aux administrations, & au genre humain cette infortune. Il n'y a point de Couronne en ce moment qui ait le moindre intérêt à soutenir la déraisonnable opiniâtreté des *Hollandois* : le changement qu'ils redoutent est absolument indifférent aux deux Puissances maritimes qui sont en droit de porter sur ces parages une attention plus vigilante. Qu'*Amsterdam* conserve sa prépondérance, ou qu'*Anvers* soit admise à la partager, peu importe à la *France*, à l'*Angleterre.*

Peut-être même ce nouvel ordre de choses, envisagé du côté du commerce, leur seroit-il plus avantageux que l'ancien : dans tous les cas encore une fois, il se passera bien du tems avant que l'*Escaut* ait englouti le *Zuyderzée*, en tout, ou en partie ; & les voisins ne peuvent que gagner à la lutte de ces deux rivaux jaloux : ce n'est pas à leurs dépens que le plus foible peut prospérer, & il n'est pas impossible qu'ils recueillent quelques débris de la décadence de l'autre.

Cette révolution appréciée à *Londres*, & à *Paris*, d'après les intétêts gueriers de deux Cours, ne peut non plus inspirer d'alarmes ni à l'une, ni à l'autre. *Anvers* n'est, & de long-tems ne sera point un arsenal : si ce port ressuscité prenoit des accroiſſemens militaires autant qu'il doit en eſpérer de pacifiques, les deux nations doivent concourir à les favoriſer, puiſqu'ils feront une reſſource de plus pour celle qui ſe procureroit alors l'alliance du Souverain des *Pays-Bas*.

La *France* y a plus de prétention aujourd'hui : elle s'eſt ſi bien trouvée du ſyſtême qui l'a rapprochée de la Maiſon d'*Autriche*, ſa ſécurité de ce côté-là lui a donné de ſi grandes facilités pour la revivification de ſa marine, qu'elle ſembleroit bleſſer les règles ordinaires de la raiſon en enviant une petite exiſtence navale à un Allié ſi cher aujourd'hui pour elle par la parenté des deux Trônes, & ſi précieux dans tous les autres points de vue.

Elle a encore un motif de plus, un motif perſonnel, de ne le pas contrarier : elle eſt maîtreſſe d'une partie du cours de l'*Eſcaut* : ſes poſſeſſions dans le *Haynaut* lui en rendent l'ouverture maritime avantageuſe : l'*Artois*, & la *Picardie*, y ſont intéreſſées par ſa jonction avec la *Lys*, rivière navigable qui traverſe ces provinces, & ſe perd à *Gand* dans le fleuve qu'on veut ramener à la vie.

Dans une guerre comme la dernière, & celle qui l'a précédée, combien il ſeroit utile à la *France* d'avoir ce débouché ouvert pour l'entrée de ſes bois de conſtruction, de toutes les munitions navales qu'elle tire du *Nord*, & qu'aucun de ſes havres ne peut ni loger ſur cette côte, ni même faire venir ſans péril, quand c'eſt contre la la *Grande Bretagne* que ces préparatifs sont destinés! Elle a donc un intérêt réel & sensible à laisser le Beau-frère de son Roi dompter, en faveur de la rivière si long-tems tyrannisée, l'obstination des *Hollandois.*

Quelques spéculateurs supposent que la crainte de paroître concourir à l'aggrandissement d'un rival redoutable, leur promet un appui dans une Puissance qui peut en effet avoir cette crainte, & qui depuis peu d'années a soulevé toute l'*Allemagne* par une suite de cette politique : mais les circonstances ne sont-elles pas changées ? Les intérêts réels, les prétextes ostensibles sont-ils ici les mêmes que dans l'affaire de la *Bavière ?*

Il importoit alors au Roi de *Prusse* de se montrer le défenseur du Traité *Germanique* de *Munster*, le vengeur de cette espèce de pacte de *famille* qui assure un ordre, ou si l'on veut un désordre, mais au moins un désordre constant & réglé en *Allemagne.* L'accommodement qu'il accusoit d'y déroger, peu intéressant en lui-même, pouvoit mener à des innovations plus essentielles : il réclamoit contre une condescendance qu'il appelloit foiblesse & séduction ; il se disoit le protecteur d'une Maison qui croyoit voir ses droits compromis avant même que d'en avoir joui.

Sans prétendre rien décider du fonds de la querelle, on peut observer qu'au moins y avoit-il alors une prise de possession dont on contestoit la justice : il y avoit une propriété réelle enlevée à une partie, & transmise à l'autre. Le Roi de *Prusse*, en intervenant avec cent mille témoins bien armés pour demander la résiliation du contrat passé sans lui, jouoit le beau role de protecteur du foible, de réparateur *désintéressé* d'un tort fait, suivant lui, par le Chef de la *Confédération Germanique* à l'un de ses Membres (1).

Mais ici il n'y a rien qui puisse motiver ni son intervention, ni sa réclamation. Les *Hollandois* n'appatiennent point à l'*Empire :* on ne leur ôte rien : l'*Empereur* ne les dépouille de rien : il ne se propose au contraire que de les empêcher de continuer à le dépouiller lui-même, ce n'est pas un tort qu'il leur fait ; c'est un tort qu'il souhaite de ne plus recevoir d'eux : & dans la balance toujours scrupuleuse de Sa Majesté *Prussienne*, une semblable différence l'emporteroit sans doute sur tous les intérêts possibles, s'il en existoit ici quelques-uns pour lui.

Mais il y a plus : ce que veut faire ici l'*Empereur* sur l'*Escaut*, n'est-ce pas ce que fait en ce moment le Roi de *Prusse* sur la *Vistule* ? Les *Dantzikois*, comme les *Bataves*, se prétendent les maîtres de l'embouchure dont ils occupent les bords ; ils soutiennent qu'ils ont droit de tyranniser le canal dont ils dominent la largeur : mais plus excusables que les *Hollandois*, comme je l'ai fait observer, ce n'est pas pour le condamner

(1) Voyez ci-devant, Tome V, page 279 & suivantes

à une inutilité absolue, qu'ils l'enchaînent; c'est pour s'en approprier exclusivement les fruits.

Ils avoient en leur faveur une longue possession : la *Pologne* sembloit l'avoir confirmée par une non moins longue tolérance : le Roi de *Prusse* substitué aux droits de la *Pologne* sur la *Vistule*, comme la Maison d'*Autriche Allemande* l'est à ceux de la Maison d'*Autriche Espagnole* sur l'*Escaut*, n'a pas cru que sa conscience fût engagée à respecter plus long-tems ce vieux lien : il l'a rompu sans hésiter; & la médiation qui semble travailler à en renouer quelques mailles, sera probablement plutôt un moyen de le faire peu à peu disparoître sans bruit que de lui rendre aucune consiastnce.

Le *Salomon du Nord* ne se présentera donc pas en armes sur le *Hondt* pour y interdire à son voisin une opération qu'il se permet à lui-même sur le *Farwhasser* : tout autorise à croire, à espérer, ou qu'il n'y aura pas de guerre sûre, ni pour l'*Escaut*; ou que s'il y en a une, elle n'embrasera que les dominations intéressées à ouvrir, ou à fermer ce passage; que dans cette querelle pour la liberté d'un fleuve, celui pour lequel on se battra aura seul le funeste, le déplorable avantage d'être grossi par des torrens de sang humain .... AINSI SOIT-IL.

www.ingramcontent.com/pod-product-compliance
Lightning Source LLC
LaVergne TN
LVHW012114170826
845678LV00001BA/387

* 9 7 8 2 3 2 9 6 9 0 2 7 8 *